青少年成长漫画系列

青春不留烦恼

——解答成长过程中的种种困惑

【塞尔维亚】鲁日察·奥布拉多维奇　文
【塞尔维亚】多布罗萨夫·鲍伯·日夫科维奇　图
陈慧麟　译

上海科技教育出版社

图书在版编目（CIP）数据

青春不留烦恼：解答成长过程中的种种困惑 /（塞尔）奥布拉多维奇著；陈慧麟译. —上海：上海科技教育出版社，2015.8
（青少年成长漫画系列）
ISBN 978-7-5428-6228-0

Ⅰ. ①青… Ⅱ. ①奥… ②陈… Ⅲ. ①青少年心理学—通俗读物 Ⅳ. ①B844.2-49

中国版本图书馆CIP数据核字（2015）第102957号

目　录

亲爱的读者：

在人生的任何阶段，尤其当我们年轻时，我们往往会遇到一些难言之隐，这些问题往往很棘手，不知该如何解决。

即使是最亲近的人，你也没有勇气向他们诉说，因为一提到这些事，你就会觉得挺尴尬。你也不会请教你的朋友，因为你不想让他们觉得你很无知，更害怕被误解、嘲笑、甚或严词拒绝（即便你确信他们也有同样的烦恼）。你也不会告诉你的长辈，因为你认为没有人能真正了解你，从他们那里是得不到正确答案的。

尽管你觉得似乎天快塌下来了，但实际上这些青春的烦恼并没什么大不了，完全可以用知识和经验加以解决。事实上，只要你鼓足勇气，就一定能找到帮你的人。

仔细阅读此书，答案或许就在其中。

你的心理专家

鲁日察·奥布拉多维奇

这就是我

任何事都提不起我的兴趣，请帮帮我！

兴趣是创造出来的，人不是天生就有兴趣的，我们的兴趣也不是从父母或祖先那里遗传来的。周边人的兴趣可能就会成为我们的兴趣，尽管不是百分之百都这样。为了使某事物成为我们的兴趣，我们必须要先了解这个事物，发现这个事物的有趣之处。

如果你没有读过这些书，你就不应该说你对这些书不感兴趣。如果你没有去影院或剧院观看过电影或戏剧，你就不应该说你对电影或戏剧不感兴趣。如果你没有去过美术馆，没有欣赏过艺术展，你就不应该说你不喜欢艺术。如果你从来不锻炼身体，你就不应该说你不喜欢运动。如果你对国内外大事一无所知，你就不应该说政治很无聊。如果你对他人的信仰、文化以及传统一无所知，你就不应该说你对宗教不感兴趣。如果你从来没有认真用过电脑，你就不应该说你讨厌电脑……

你应该尝试一下新鲜事物，做做试验。比如，与朋友一起学学空手道，打打排球，参加一些舞蹈课，借一些别人喜欢的书本或 CD 来读一读、听一听，和一位懂艺术的亲戚一同参观展览会……通常人们会喜欢自己“擅长”的事情——你可以以此为出发点寻找自己感兴趣的领域，在这个领域内你可以发挥自己的特长，充分展示自己。

我很胖，我很沮丧。实际上我只是在吃完之后才感到沮丧。我在吃东西的时候无比快乐，根本停不下来。我吃东西时总是相信自己明天就改变陋习，明天一定会少吃点，明天就开始节食。但我总是明日复明日，明日何其多。我总是羡慕苗条的女孩和时装模特，想要拥有她们的骄人身材，但我老是觉得她们付出的代价太高：她们长期忍饥挨饿，根本享受不到美好人生。怎样才能既享口福又无发胖之忧呢？

为什么人们都爱漂亮呢？大多是希望被别人喜欢吧。那么，什么样的人会被喜欢呢？要知道，萝卜青菜，各有所爱，有些人认为漂亮的，对另一些人来说却不见得漂亮，反之亦然。此外，外表只有在初次见面时，才显得比较重要，但也不是每个人都那么在乎。更重要的是你给别人留下的整体印象，长期接触之后，你需要更多的优点来吸引别人。例如：与人和睦、融洽、善解人意。

自信的人往往比较讨人喜欢。乐观的女孩通常会觉得自己美丽动人，即使身材有点胖或有点瘦。心情好的人总是更漂亮，如果一个人总是为了达到他人设定的所谓大众认可的标准而活，为自己未能达到标准而闷闷不乐、耿耿于怀，忽略了自己的特长，她的美丽就会大打折扣。

我们每一个人应该仔细想想，为什么有人要减肥：是为了自己的健康，还是因为别人的眼光；美食重要还是平坦的小腹重要？饮食适度，聆听身体发出的饱与饿的信号，体育运动（至少每天适当步行）有助于保持苗条的身材，没有必要节食，这会剥夺身体需要的营养。如果你已不再纠结，这是最好的。给你一个重要的建议：饭后不要懒散地躺在床上，而应该轻快地步行或做一些其他运动。

我觉得我很难看，头发乱糟糟，鼻子太大，个子太矮。我觉得我的自卑情结就是由这些缺点造成的。我怎么才能摆脱这些缺点呢？

青少年不满自己的外貌是常见的事。到了青春期，你会很在意自己的身体以及别人的评价。但你要知道，你的身体还在发育，还未最终定型。

未来几年里，不仅你的身体会发生变化，你的自我认识也会发生变化，所有人都一样。你会逐渐适应你的外貌，接受现实中的自己。

同时，不要被不如意的事所左右，你要学会充实自己，提高自己在其他方面的素质。那些言谈风趣、富有教养、魅力四射的人往往非常受欢迎，尤其受异性的青睐。因此，除了外貌，你还需要许多更重要的素质，如知识、教育、优雅的风度等。不要过于纠结于你的外貌，而应该用有意义的思想和活动填补空余时间。当你的身体发育完成时，如果你仍然对外貌不满，你还可以用一些方法来加以改变——当今的整形手术也会创造奇迹哦。

我喜欢黑色，我的所有衣服都是黑色的。我的父母为此几乎要抓狂了。但我确实喜欢深色，我喜欢穿黑衣服的样子。我很乐观，成绩很好，朋友很多，也不崇拜任何时尚。为什么人们喜欢其他颜色？为什么一个人穿什么如此的重要？

你是在问为什么衣着如此重要？的确，衣着对任何人都很重要，当然对你也很重要。如果衣着不重要的话，你就会很轻易地放弃对黑色服饰的偏好，不会在意穿什么颜色的衣服。穿着搭配是人们展示自己的方式之一。重要的是，你穿黑色衣着时要感觉舒适快乐。如果你心情愉快，那么你会更容易赢得别人的好感。

你说别人对你吹毛求疵，想知道为什么他们总是爱管闲事。我想，这些人肯定是你最亲近的人，例如你的父母。他们对你衣着的评论主要是出于焦虑和恐惧（在我们的文化中，黑色是一种消极的颜色，容易使人联想到死亡、哀悼、绝望，使人忽略你的长相）。你的父母可能觉得其他颜色更令人愉快，红、黄等鲜艳亮丽的淡颜色更适合处于青春期的你。

我一直有个偶像。我把他的照片贴在墙上，收集所有和他有关的东西。父母认为这种行为和我的年龄不相符，我这么小不应有偶像。但我的朋友都有偶像。我不知道谁对谁错，我的朋友还是我的父母？

如既往，真理不偏袒任何一方。你的朋友和你的父母都对，双方都有各自的理由，都不应被嘲笑。

每个人在成长过程中都会产生自己崇拜的偶像。这些偶像的行为举止和生活经历给他们留下深刻的印象，他们会出于迷恋和尊敬而模仿偶像的一举一动。一般而言，小孩的第一个偶像往往就是他们的父母，在小孩眼里，他们的父母总是强大且无所不能的。随着年龄的增长，他们会发现自己的父母也有很多缺点，并非真的那么强大、美丽、成功。因此，他们会把注意力转移到想象中的人物，如影星、歌星、体育明星身上。这些名人的照片和电视形象往往都是光鲜亮丽、与众不同的，给人一种无忧无虑、魅力四射、豪华奢侈、幸福美满的美好印象。在现实生活中，人们在实现自己的理想和梦想的过程中会遇到很多障碍。拥有偶像是孩子脱离父母的保护，迈入成人世界的一种表现。

因此，拥有偶像是合理而且必要的。但是，如果对偶像过度追捧会有什么后果呢？

这就是父母反对你崇拜偶像的原因。父母担心不能引导自己的孩子，担心自己的孩子误入歧途……但不管怎样，父母的出发点一定都是为自己的儿女好。父母不想让自己的儿女遭受挫折，因为他们知道这些孩子既没有影星的容貌，也没有足球明星的天赋，更没有他们所崇拜的时装模特的身材……

尊重那些在生活中某些方面有所成就的人是件好事。这种尊重可以促使我们全力以赴地去完成自己的人生目标（至少完成一部分目标）。但我们不能因盲目崇拜而忽略了自己的个性，甚至完全失去自我。

我喜欢喝酒，有时还喝过了头。我是否应为此而担忧呢？

在人际交往中，人们会觉得喝酒不是一件坏事。相反，喝酒被看成是长大后必须要做的事，似乎喝酒是一种无害的习惯，想喝就喝，想戒就能戒。

酒是有诱惑力的，因为它使人逃避现实，忘记社会的压力和要求。酒可以使人放松对自己的约束，减少烦恼，提升满足感和兴奋感，还可以使你更容易接近他人……但我可以肯定地告诉你，你了解的一切并非那么简单，饮酒并非是无害的。嗜酒成瘾是一种非常危险且严重的状况。

很多人经常饮酒，但他们并非都饮酒过度。初期的饮酒过量与“无害”饮酒之间的界线是很难确定的。每日饮酒及频繁醉酒是嗜酒成瘾的征兆。一开始，嗜酒者的酒精耐受值不断提高，然后他们的酒量就越来越大。到最后，他们只喝一杯就会醉。

虽然我希望你不是个酒鬼，也希望你永远不会上瘾，但我还是要奉劝一句：饮酒可能就是嗜酒的开端。我希望有现成的“戒酒宝典”供你参考，可惜这样的书根本不存在。我只能建议你每次喝酒之前，花一分钟思考一下，饮酒会使你得到什么，又会使你失去什么。相信你会作出正确的选择的。

我在一次聚会上抽了大麻，因为大家都这么做。这会有事吗？

这会不会有事完全要看你自己的选择。我只能提供一点建议。

吸毒者吸毒原因各不相同：有的是无聊寻刺激，有的是想拿自己做实验，有的是为了满足好奇心，有的是为了尝试新鲜事物，有的是被逼无奈，有的是因为上当受骗，有的是为了逃避现实……

一开始，吸毒者只是偶尔不定期地吸食毒品。我们称之为群体性吸毒，这种行为往往是朋友教唆引起的。尔后，问题会变得越来越严重：吸毒将成为习惯。并且越吸越多，难以控制（不论毒瘾是否发作，都会习惯性吸毒），尽管身体受到伤害仍继续吸毒，最终你会彻底染上毒瘾——此时，毒品成为吸毒者每天唯一关心的事。

“软性毒品不会造成伤害，因为它们不会导致成瘾。”别人可能会这样诱导你。实际上根本不存在“软性”和“硬性”毒品之别。所有的毒品都是危险的，都能造成严重的不可修复的身心创伤；哪怕只吸一次毒都是有害的。毒品可导致生理和心理上成瘾，大麻会破坏并杀死神经细胞，甚至还会导致严重的心理疾病，这已经在科学上得到了证实。毒品如果和酒同时作用，后果将更为严重。

一些吸毒者不愿承认自己有毒瘾，便自欺欺人地辩解：否认吸毒上瘾（“我没上瘾”，“我每天吸毒是我自己的选择，没什么大惊小怪的”）；大事化小（“我只是偶尔吸食……”——意识到一些问题，被动地妄想，而不是主动妄想）；强词夺理（“小伙伴们多多少少都在吸”，“所有人都在吸……”——你就是这样的），推托（“如果不是他们唆使我吸毒，我永远都不会吸毒！”——把观念、感受以及过错全都归咎于他人），还有自我压抑（把不好的后果都忘掉，比如恶心、呕吐、冲动、暴力）。

想想看，你为什么要模仿别人：吸毒（即便只抽一根大麻烟）会使你得到什么，失去什么？保持自己的个性难道不比模仿他人好吗？试着和父母谈谈，告诉他们发生的一切，不要将你的忧虑深藏心中。

我无法领会别人的“肢体语言”。

我们要观察人们站着、坐着、谈话时的举止。我们对谈话对象的了解有一半以上来自于对方的手势、模仿、语调、姿势、眼神，以及他们倾听时的态度，而不是来自于对方的话语。

人与人之间除了依靠话语进行交流，还依靠各种非话语方式进行交流。除了谈话的内容外，谈话时的声音（包括语调、语言色彩、语速、音量以及停顿）、身体动作和手势也在传达着信息。肢体语言是指通过身体信号有意识或无意识地传递的有关情感及观点的信息。你所看到的一切手势、动作以及模仿（身体朝向、姿势、手势、触摸、头部动作……）等都可称为肢体语言。

非话语交流往往比话语交流更为重要。擅长观察的人往往能够依据别人的脸部表情、手部动作、腿部姿态以及身体的姿势来正确了解对方。非话语交流往往受人的潜意识、潜在的需求、潜在的欲望支配。

肢体语言的表达方式及含义没有统一的标准，而与每个人所处的文化背景有关。同样的手势在世界的不同地方可能代表完全不同的意思。

你要认真倾听和你交谈的每一个人所说的话，根据他们的言行举止进行判断。

我觉得我与人交流有障碍，我老是会问傻乎乎的问题。

交谈不仅仅是为了传递一些信息，记住这一点非常重要。

交谈中，人们也在交流情感、思想、观点、愿望，分担恐惧、分享希望。不管谈论什么话题，我们往往会在言语间流露自己的性格以及于对方的情感。交谈时，对象是谁很重要——绝大多数时候，和认识的人交谈会更容易些。一般来说，人们往往喜欢谈论自己，谈论自己的兴趣爱好和经历。

交谈技巧是有一定规则的，是可以通过学习掌握的。这里我可以给你介绍一些技巧。最重要的是你要以积极的态度面对交谈对象，希望交谈能够继续下去，并用心倾听对方的谈话。你要让对方畅所欲言并仔细倾听他们的观点。你要观察对方并了解他们的兴趣，这很重要。对方侃侃而谈时不要打断他们。不要抢着替对方作总结，应该耐心地倾听，直到对方把话说完。人们和你交谈时，你要专注于对方，不要做任何其他事情。不要说无需回答的反问句。当对方在谈话时，不要总想着质疑，而应该仔细倾听。在作评论时要特别小心，要承认自己的错误，避免发生冲突，要尽力从对方的角度思考。当然，不要吝啬自己的微笑……

遇到问题是否应该和别人分担？

这就是为什么要有朋友的最重要的原因吧！问题一经提出，再大的问题都可以化解——交谈的力量是很强大的。

我生气的时候，常会做一些事后感到后悔的事情。我怎样才能控制住我的愤怒？

冲动是年轻人的特征，做事情往往急于求成。这就会导致行为失控，说一些不应该说的话，做一些事后会后悔的事。在被激怒的情形下，情绪的迅速迸发会使人失去理智，难以冷静地评估自己的情感和愿望。我们被怒气冲昏了头，就会听不进别人的话。只有当我们冷静下来，恢复理智时，才会看清事态的真相。只有在那时我们才会明确地意识到我们的所作所为。但这往往已经太迟了，留下的只有内疚和懊悔。

自我控制是可以逐步习得的，通常年纪越大越容易掌握。当你发现你的处境使你急躁和愤怒时，你首先要学会停下来思考一下。就如人们常说的“停下来数到十”。这个停顿虽短暂，但足以开启你的理智和常识。反思一下你的情绪，你想要得到什么？争论就能使你达到目的吗？不要动不动就攻击别人。

我讨厌每一个人。跟任何人都不能愉快地交谈。这正常吗？我觉得挺正常的，但别人都说这不正常。你怎么认为？

你有这样的感受并不奇怪，并非不同寻常。你的许多朋友也会有同样的感受。“真讨厌！”，“无聊透顶！”，“他真令人头疼！”……这些都是年轻人的口头禅。他们讲话语速很快、内容单调、语句简短、没有情绪起伏、缺乏主动性、总是闷闷不乐、不喜欢交流思想和感情。缺乏活力，对待他人非常冷淡，他们心如止水，只有大事件才能激起他们的兴趣和注意力。

但是，人并非生来就独来独往。这一点有事实可以证明，因为只有人类才具有用语言进行交流的天赋。你身边的人竟然没有一位是值得你关注的，这一点我很难相信。你也明白，我不是在讨论这种现象是正常还是不正常，我是在讨论这可不可能。毫无疑问，你以你的方式看待事物——问题在于为什么这样看待？似乎你我对这个问题的回答会有所不同。通常一个人之所以认为别人都很讨厌，是因为他自己根本无意把更多的热情和精力投入到与别人的交往中。如果你试着略微多投入一些时间关注他人，你一定能找到跟你有共同话题的人，一定能找到值得你关注的人。但到这个程度还是不够的，不要忘了你也应让对方感兴趣。交际是双向的，你的投入和收获是成正比的。

我发现所有的事情都是无聊的、愚蠢的、无用的。父母为此批评了我。

让我们首先来定义什么是无聊。无聊通常是指一个人对任何事物都不感兴趣，想不出应该做些什么，很少有感到开心的事。无聊是对期望和成就的一种反映。如果我们无欲无求，无所事事，不抱任何希望，我们便会变得很空虚，与世隔绝，对身边的一切感到无聊和愚蠢。但是，如果我们的愿望更加现实，较容易实现的话，那么我们都能发现一些有趣的事让自己感到开心快乐。

无聊是所有人都会经历的状态，对于青少年来说尤其如此。然而，无聊是可以改善的。下面我会介绍一些具体的方法。想一想生活中什么事最无聊。然后再想想看你要做些什么才能将其改变，使生活变得更有趣。回忆一下你在什么时候曾经感到幸福和满足。这些时候发生了什么事，这些事是怎么发生的？反问一下自己，为什么要强迫自己处于无聊的状态。你所谓的无聊是一种借口吗？思考完以上所有问题后，你自然就会找到答案。

我花很多时间学习，然而我学得越多，忘得越快。记忆可不可以改善呢？

当然可以。有很多理论可以帮你改善记忆，提高学习效率和技巧。

托尼和巴里·布赞开发了一种促进非凡思考及快速记忆的方法。在他们写的《思维导图》、《完美记忆》以及《儿童的思维能力》等书中，提到了所谓的儿童幻想机制——主动联想且同时使用左右脑，这些技巧可以极大地提高信息的记忆。“思维导图”是一种思维模式，在这种模式下信息是依据特殊的体系组织起来，以书面形式记录下来的，从而便于记忆。思维导图实质上由图画和联想示意图构成，图的中央写上基本概念，其他想法（以颜色、词语、符号等各种形式呈现）环绕在它的四周。阅读这三本书中的任何一本都是大有裨益的。其他促进记忆的技巧也强调信息的联想，个人记忆力及联想体系的构建。你要尽力专注于想要记忆的对象，想出一些例子来，将它和你身边的事物或有趣的事物联系起来，构建起思想网络……当然，你要确保学习后马上进行第一轮记忆核对，因为这个阶段你忘得最快。

一些其他的方法也可以改善记忆。一些医学家认为记忆的成功保持与适量的营养摄入有关——特别是维生素 C 和维生素 E 的摄入。读书看报和看电影可以让你获得丰富的知识，也很有用。知识再多也不为过——你拥有的知识越多，你就越容易获得新知识。把新的信息和你已具备的知识联系起来，你就会学得快、记得牢。

专家们还提到其他一些有益于记忆开发的方法，如打牌、玩拼词及各种拼图游戏、凭记忆作画……不要总是重复做一件事——做事要经常换换口味！哪怕谈恋爱也会使你的思维更加富有弹性。记住：要让你的大脑学会用不同的方法记忆。

有时我会感到沮丧，会无缘无故地哭泣。我不知道该如何改变这个状况。

沮丧和难过的念头是不可预见的，往往突然出现且毫无缘由。它会使我们感到不快和伤心。因此，当我们发现这些念头出现时，我们必须努力阻止它进一步发展。真的，我建议你打个电话、出去走走、串串门、看个电影，诸如此类。和他人在一起可以帮助你忘记你的问题，他人的好心情也会很容易感染到你。运动和娱乐也是好主意，是公认的改善精神状态的最好的方法。体育运动能够带来快乐——它可以缓解紧张、改善生理状况、促进内啡肽（有时被称作“幸福荷尔蒙”，对思维有积极的作用）的分泌。我们一生中最精彩的时刻并不是那些休闲放松的时刻（虽然它们可能也会带来快乐），而是那些工作和运动的时刻。

你可以试一试我的建议。当然，你还需要想一想你为什么会沮丧：你是否对某些事不满，对某些事忧心忡忡……如果你还是沮丧的话，请找学校的心理医生谈谈。

我们是不是应该和那些有同性恋倾向的人保持距离？

“有同性恋倾向”是否是对倾向于同性性行为的人的唯一描述呢？他们肯定还有其他的性格特点。

当今世界在很多地方，同性恋现象已被人们接受，同性恋者也被视为正常人。但仍有一些人认为同性恋者是变态的，是对周围人有害的。你难道觉得有同性恋倾向的人真的会对你造成威胁吗？真的有必要对他们敬而远之吗？不要让你的人生充满可笑的偏见、扭曲的观点、不必要的约束。不管怎样，有些青少年的确会更喜欢与同性相处，但这只是年轻人成长过程中一个阶段的表现。

我认为我知道上大学时要学什么。怎么能够使我确信我的决定是正确的呢？

以你的年龄，你还不足以承担起选择未来职业的责任。年轻人往往缺乏自信心，有时还需要对父母的愿望做出妥协。

在选择人生职业时，你要记住以下几点：衡量一下自己的能力（你擅长什么，不擅长什么），考虑一下自己有什么兴趣爱好（你喜欢做什么，什么能使你感到幸福，你讨厌什么），分析一下自己的性格特点（你是精力充沛、有条不紊、外向，还是内敛？什么样的工作适合你？你喜欢和人打交道还是喜欢自己一个人做事？你喜欢刺激、难以预料的工作，还是按部就班、朝九晚五的工作？）。你还要记住，要做这份工作的是你而不是你的父母。

如果你还不是很确信，或者还不能做出决定，你还可以随时向心理医生或就业指导顾问咨询。有很多测试可以帮你评估自己的能力、性格、职业兴趣，以及其他兴趣爱好，这些测试可以让你了解自己对什么感兴趣、今后可以做什么样的工作、什么样的工作最适合你的性格。

人生中几乎没有一成不变的选择，因此如果你发现之前的选择不够正确，也不必灰心丧气。人生是充满无限可能的。

我 17 岁，最近我变得有点孤僻。朋友约我打篮球，女孩子也约我出去玩，但我都拒绝了，只是待在家中。我的作业和成绩都很好。每个人都问我是否恋爱了，但事实上并没有这回事。父母逼着我多和人打交道“现在不和人打交道更待何时？”“你朋友的父母让他们多出去玩，他们都是很高兴的。”……但我真的不在乎。我真的有必要出门和人们一起闲逛吗？

如果你偶尔想一个人独处一会儿，这并不是坏事。可能你只是想摆脱身边的琐事，安安静静地沉思一会儿。很多人在人生的某个阶段都会有一段孤僻期，他们害怕未来，害怕未来可能发生的事情。

然而，你在觉得无助、沮丧、希望渺茫的时候也会变得孤僻。如果是这样的话，问题就有点严重了，你应该和人聊聊。首先你应该和你父母坦诚地谈一谈。他们肯定是最关心你的。通常，你们的谈话并没有任何实质性内容，但交谈可以让情感得到发泄。不过，你可别浪费太多的时间啊。

在我们这个年纪，情绪会突然爆发，从一个极端到另一个极端，这是怎么回事？

都是年轻惹的祸！

我很孤独，我一个好朋友也没有。我觉得再也没有人愿意和我交朋友了。这个困扰我的问题以前从未出现过。我应该怎么办呢？

有些人很容易跟别人自来熟，而有些人则比较内敛，不习惯和他人相处，和陌生人见面聊天会感到不自在。每个人都是一个与众不同的特殊个体，因此对孤独的感受也各不相同。一个人与他人相处的方式取决于他或她对抗孤独的能力。

当人们难以和周边可能有共同点的人建立并保持良好关系时，孤独这种感觉就产生了。孤独有两种类型——社交孤独和情感孤独。社交孤独是指一个人独处，身边无人陪伴，但并不一定意味着他感觉到孤独。

情感孤独和是否有同伴没有关系：有些人即使在人群中也会感到孤独——这种人即使有同伴也依然觉得空虚。

每个人偶尔也会感到孤独。避免和他人接触是很正常的，有时甚至是必要的，这样才可以避免分歧，获得片刻安宁，将以往纷繁复杂的信息加以整理归纳。失去亲人、身患疾病、生活巨变、成长过渡期（青春期、中年、老年……），失恋、失望、沮丧……这些因素导致孤独是比较合理的。但是，如果孤独开始影响正常生活，使我们感到紧张、情绪化、愤怒、悲伤、遗弃、沮丧、消极、卑微、自暴自弃，我们就要提高警惕了。

我们怎样才能克服孤独感呢？我们不能否认孤独这种情感的存在，这很重要。坐下来想一想，想想你的人生，分析一下你自己，然后制定一套行动方案。这套方案应该至少包含以下几个方面：经常外出、养一只宠物、参加体育运动（至少是休闲活动）、参加俱乐部、在网上逛逛论坛聊聊天。这些都是与志趣相投的人接触的好办法。总的说来，就是要激活自己。一开始，你可能觉得有点不适应，好像每个人都在观察你、评判你。这是正常的，因为你很长时间以来都是孤独的，感觉好像不知道自己应该怎么做，但你要知道万事开头难。一旦你在结交新朋友上有所收获，你就不会这么紧张。不是所有人一下子就能符合你的品味，这是肯定的，但你很快就会找到一两个志趣相投的伙伴。

我和我的小伙伴们

我不是很合群。我觉得其他人都过得很精彩，只有我很笨，备受冷落。有些女孩子很受欢迎，和任何人都相处很好。我怎样才能吸引我喜欢的男孩子，使他们对我感兴趣呢？

我们每个人都是独一无二的个体，这就是我们生存的本质。有些人可以和很多人相处融洽，有些人则更喜欢独处。有些人有吸引力，其原因多种多样（美丽、风趣、经常笑不离口、擅长营造好的氛围、有钱、会玩……）。有人是领导者、有人是讨人嫌的、有人则喜欢坐在角落里孤芳自赏。这些人有一个共同点，那就是他们所做的事别人难以效仿。

你希望他人对自己感兴趣，同时也想保持良好的自我感觉，应该怎么做呢？

最重要的是你要和他人融合在一起。在适当的时候，你要试着对话，提出一个有趣的话题，或对一个很受欢迎的人提出一个不能用“是”或“不是”简单地回答的问题。比如，“你似乎和那位数学老师关系不错。你怎么能做到的？你有什么诀窍吗？”在任何情况下，热情、坦诚、主动、活泼的对话比唉声叹气，紧张地等待对方打破沉默要好得多。即使你觉得对方的笑话并不可笑，你也一定要配合笑一笑，但笑容不要太做作。如果你面带微笑，你会使想要让你笑的人产生好感，这对你是有利的。

关于怎样才能使你喜欢的男孩子喜欢上你，最好的办法是你要表现出你和那个男孩有相同的兴趣。你可以问他一些问题，让他慢慢回答，你要仔细倾听他的回答。大多数人喜欢谈论自己，表达自己的观点，因此，善于倾听的人往往是很受人欢迎、令人喜欢的。你也可以说几句恭维的话，如“你所说的，我很喜欢！”、“我和你想的一样！”或者“你的发型太棒了……”。如果你对他感兴趣，他也会对你感兴趣。如果他依然对你不感兴趣，你要考虑一下他是否适合你。

我最好的朋友会说谎，还经常惹麻烦。我怎样才能帮他改正错误呢？

你想帮助你的朋友，这我理解。但我认为你应首先了解一下什么是说谎。谎言一般（但不总是）指故意告诉别人不真实的内容，说话者完全清楚这个内容是不真实的。谎言有时是善意的，有时是恶意的，有时是病态的，有时是开玩笑，有时是悲剧，有时是无害的，有时是灾难性的，有些是社交上可以接受的，甚至是对社交有益的。谎言在日常生活中太常见了，有时很难被察觉。人们在任何时间、任何地点、任何场合都难免说几句谎话。

事实可以被“歪曲”（对事实进行修饰，这是一种社交上可接受的说谎形式），也可以被“篡改”（修改细节，使其跟原来不一样，更易于接受，给人留下较好的印象）。只说一部分事实则是要略去令人不愉快的细节。对于丑恶的、不体谅他人的、恶意的、甚至是有伤害性的谎言，我们必须予以揭露和谴责。喜欢说谎的人往往会自圆其说，坚称自己说的都是真的。那些对谎言信以为真的人甚至不认为自己在说谎。

你的当务之急是弄清楚你朋友说谎的动机。你可以和他坦诚地谈一谈，劝他去看一看专家。谈过话后，他也许就不说谎了，也许会去看心理医生。不管怎么说，你要想法帮助他。不要忘了，真正的朋友总是在困难时刻出手相助，帮助人们发觉他们自己的错误行为。

我的朋友在吸毒。我很想帮助她，但我不知道该怎么做。我担心如果我们不马上采取行动，可能就来不及了。

吸毒上瘾的人没有一个会依照承诺戒掉毒瘾的。如果你真的关心你的朋友，你应该告诉她的父母，让他们知道女儿的近况。你也可以请学校心理医生来帮忙。你要对朋友说你会陪她一起去，如果想一个人去，不愿你陪她去，你可以让心理医生邀请她。这并不是背叛朋友，这是真正的友谊，是对你所在乎的人的关心。不要过于担心你把她吸毒的事告诉大人后你会失去这位朋友，因为如果你不采取行动，你最终也会失去她的。你的朋友可能会生你的气，但当所有的事都过去了以后，她终有一天会感激你的帮助，会意识到你是一个真正的朋友。

我最好的朋友突然开始疏远我。他装作不认识我。他现在最好的朋友是曾想夺走他女友的男孩。我很伤心，也很失望，不知道该怎么做。

我们都难免会做出一些不正确的选择。我们以为有些人和我们合得来，以为他们是好人，以为只要我们坦诚地无条件地善待他们，他们就会同样善待我们。然而，虽然我们对他们的好感日益增长，但我们没有发现许多应该被发现的问题，或者把这些问题看成是合情合理的。

当我们发现事情与我们所理解的并不一致时，我们会变得困惑、怀疑、不信任。这些可能就是我们开始变化的迹象，这种变化是双向的，我们再也不会和身边的人交流愿望、梦想、计划。然后我们会和朋友分道扬镳。不要浪费时间分析这是件好事还是坏事。是你的朋友先找其他朋友的。这可能会令你很难接受，但你会很快意识到这种情况在生活中既不少见，也不特别。

我和男孩子在一起的时候，脸一下子就红了。这真是件可怕的事情。所有人都看到了，他们有时还笑话我。我不知道怎样才能克服这个讨厌的毛病。

你不应把脸红看成是一种个人缺陷。这是你所不能控制的，但你可以改变对此事的态度。脸红是你的身体和神经系统在你感到不安、困惑、害羞或恐惧而难以平静时作出的一种反应。每个人对这种情形都会有所反应，只是表现形式有所不同。有些人会说话结巴，有些人会加快语速，有些人则会一言不发。原则上，不同人在特殊情况下会有什么反应是毫无规律可言的，强迫机体按自己的愿望行事是不可能的。如果你心里想：“我的脸要红了”，“我脸红了，大家都看到了”或者“这太糟糕了”，你的脸只会红得更厉害。如果你转过身去，或想把脸遮住不让人看到，这只会让事情更糟。

你应该做的是接受自己，接受这种反应。逐渐地，你将不会考虑脸红的事，会放松下来，你的焦虑和紧张将会减少，你脸红的程度也会逐渐减轻。你不会在意别人的嘲笑，甚至可以开个玩笑自我解嘲。你想到了没有，微微的脸红兴许可以让你更有魅力。

我发现我的同学偷东西。她偷铅笔之类不值钱的东西。被抓的时候，她会说忘了还了，她还会认真地道歉，真让人觉得恶心。然而，她还继续这么做。我怎样才能帮她呢？

需要从别人那里“借”东西并不意味着偷东西的人真的需要这些东西。他们从顺手牵羊中得到了乐趣，在偷的那一刻他们觉得自己真的需要那些东西，对它们爱不释手。那些看到喜欢的东西就想偷的人不能控制自己的行为。但是，不管他们是否被抓到，他们的这种乐趣往往不能持久。随着时间的流逝，小偷会意识到自己的行为不端，并为此感到内疚和不安。这种小偷小摸往往隐含着更严重的问题，作为朋友的你单靠一个人的力量是不能解决这些问题的。你要说服那位同学去看学校心理医生，如果她不愿意在学校里处理这个问题，你也可以请其他的心理医生帮忙。

听人们说，要找到一个真正的朋友很难，拥有多个真心的朋友几乎是不可能的。这是真的吗？我交友甚广，我以为我有很多朋友。但现在我确实有点迷惘了。

我们遇到的并与之有联系的人不一定都是我们的朋友。我们不时地会偶尔遇到熟人，我们也常常见到同学和同伴，但我们不能把他们都称为朋友。为了交上一位朋友，我们需要时间去更好地了解对方并建立信任……

朋友是如影随形的——忠诚而不招摇——他们总是在我们身边，但更重要的是与他们在一起能够相互满足、相互依从、相互关心、相互理解、相互信任并感到愉快。

友谊是最有价值的，我们要获得友谊、发展友谊、保持友谊。成为某人的朋友是一种荣誉、是一种义务、是一种责任。交友并不难，但保持友谊却的确是一种艺术。朋友并非只是在我们一帆风顺的时候和我们在一起。朋友会在我们没有请他们帮忙时伸出援助之手，他们知道我们什么时候处于困境，什么时候需要建议和支持。朋友懂得宽恕，时时刻刻都愿意二话不说拔刀相助。

人与人各不相同，友谊也是千差万别的。有些人比较外向、善于交际，因此与很多人都有交往，而有些人则较为内向，不喜与人交往，有一个规模较小但有价值的朋友圈子。随着时光流逝，人会发生变化，人们的友谊也会变化。

我们偶然也会对别人产生错误的印象，认为他是一个真正的朋友。你是否曾尝试对你所认为的朋友进行仔细的分析？我们可能清楚自己的交友动机，但别人为什么想要和我们交朋友呢？是不是因为个人利益：可能我们可以借给他们所需要的东西，或者可以向他们介绍他们喜欢的人；他们是否和我们有共同的兴趣，他们是否只喜欢我们的衣着或我们去的地方？你是否有这样的经历，一个认识多年的朋友曾经无话不谈，一起笑，一起哭，一起欢乐，一起痛苦，突然间，一切烟消云散，你们形同陌路，他碰到你会扭头就走，擦身而过时也一言不发。和你一起玩的人并不一定是真正的朋友。你不可以对朋友对友谊斤斤计较，投机冒险。友谊要么就是真正的友谊，要么根本就不存在。朋友间的友谊需要投入大量爱心、耐心、善意，这会使我们的生活更加美好、安全、更有意义和价值。

你对号入座了吗？

我 17 岁了，在学校表现很好。小学时，我是个尖子生，现在，我各科成绩也都是“A”。我来自一个小镇，目前在贝尔格莱德的寄宿学校读书。我所有的朋友都在他们家附近读书，和父母住在一起。我很羡慕他们。我对我的家乡有着深厚的感情，但家乡的人现在把我看成是一个高人一等的陌生人。然而，我在贝尔格莱德却连一个朋友也找不到，同学们把我看成是一个低人一等的外地人。我现在没有女朋友，以前也没有。我常常很孤独，变得越来越孤僻。你对此怎么看呢？

你的生活环境发生了变化，这不是一件容易的事。但你应该想一想，你是否将你和以前的同学及现在的同学之间的差异夸大了。你提到了高人一等和低人一等的价值标准，这是谁下的定义？不好意思，我认为这是你自己下的定义，因为它们看上去很现实，当你遇到挫折时，这些措辞可以被作为失败的借口，进行自我安慰。你已经长大了，逐渐远离故土，这都是你自己的选择，也是理所当然的事。不过，你会在心里默默怀念那片故土，因为那是你出生长大的地方，拥有你无穷的回忆。

你羡慕你以前的同学选择了离家近的中学，但他们也是作出了一定的牺牲的。你选择了一条不同的路径，这条路可能要艰难些，但你是成功的、有抱负的、勤劳智慧的，这条路让你闯了出去。你的朋友也羡慕你，他们还崇拜你的勇气。你继续前行的勇气在哪里？你要试着对你的新同学投入更多的兴趣。他们怎么做，你也怎么做，你要与他们和睦相处。任何一位年仅 17 岁的孩子都不应该孤独。

你故乡的朋友现在怎样了？他们的感觉是否和你的一样？你是否和他们交谈过？他们身上是否有让你感兴趣的地方，是否有值得你关注及为之努力的地方？

我和爱情

爱情……

爱情在哪里呢？

这么说，你在寻找爱情吗？首先，你要走出去——你如果坐在房间里，看着电视，是绝对找不到爱情的。不要担心你的外貌。如果你认为爱情依赖于你的外表，那你就错了。印象是最主要的。和日常交际一样，在爱情中，友好的微笑、真心的问候、愉快的精神也是非常重要的。你要试着结交新朋友——不管是男性还是女性，你认识的人越多，找到你期望的爱情的机会就越多。你要有进取心，要有主动性，要敢于迈出第一步，即使你可能会被拒绝。即使你真的被拒绝了，你也是在积极参与，而不是在坐替补席。对于可能的失意（当我们在恋爱中遇到痛苦的事情时），你要学会接受。另外，不要妄自菲薄，比如：我运气总是不好，每次都一样，我真是个倒霉蛋，这样的结果我已经碰到无数次了……做真实的自己，该怎么生活就怎么生活。爱情一直在你的身边。

我们是怎样爱上对方的？是什么让我们喜欢或讨厌某个人？

可以肯定地说：每个人都需要爱。一个著名的作家曾写道：“爱情的唯一规则就是没有规则。”爱情一直就是一个谜，这是因为情感是不能被预测、证明、衡量的。

两个相爱的人之间存在着一种化学流。英国神经学家泽基和巴特尔依据实验，用大脑中的化学物质以及脑区激活理论来解释所有情感活动。心爱的人的外貌、声音、其他细节或只是想一想这个人，都会对一种化学物质的分泌产生影响。当大脑中这种物质水平下降时，爱的感觉也会下降。

爱情给人的第一印象是一种非常奇怪的现象。有些人认为爱情根本就不存在，还有一些人认为爱情是人们追求美妙惊喜的一种表现，但也有人认为爱情来自于人们建立牢固而真诚关系时所产生的恐惧（“……只有当你期待爱情时，爱情才是美好的……”）。

当我们引起他人的注目时，他们的反应——颤抖、脸红、热血沸腾——这些发自内心的难以控制的信号表明我们吸引上他们了。根据一项研究，女人需要大约 8 秒时间来分析对她有吸引力男子的外貌（女人通常会注意男子的脸部和肩部），而男人则需要大约 5 秒钟的时间来评估他们喜欢的女子（男人先看女人的胸部，然后是大腿）。我们喜欢的人具有怎样的特征？什么样的人才能吸引我们？类似这些问题不太容易回答。起初，我们爱上某人是因为那个人笑容甜美、擅长交谈、行为端正、人见人爱（这会使他们更有吸引力）、熟悉如何接近我们……随着时间的流逝，我们倾向于喜欢和我们类似的人，和我们有类似品位和价值观的人（或者也有可能完全相反），这些人往往会使我们体会到被尊重、被重视、被珍惜的感觉。

依照墨菲法则，那些一门心思寻找理想伴侣和真爱，特别是向往一见钟情的人，是肯定找不到爱情的。

我和我的朋友都想知道你是如何看待女孩以及怎样接近女孩的，这也是我们经常讨论的问题。

你怎样接近你所喜欢的女孩取决于你的性格以及你与他人初次见面时的表现。如果你擅长交际，而且很健谈，那应该就没有问题。你只要接近女孩，接着开始高谈阔论就行。在交谈中，你很容易发现她对什么感兴趣。如果她神情茫然地盯着你看（她心里应该在想：“这个人真无聊……”），那么就可以确定你不是她所喜欢的类型。

如果你比较内向，不善交际，你最好渗透到“敌人”阵营，从内部采取行动。加入她的朋友圈，倾听他们的交谈，从而找出她的兴趣所在。如果她感兴趣的是某些音乐、电影、书籍之类的东西，这就简单了：给她一张 CD、一本书，或者任何相关的东西。利用这个机会“借”给她一些东西，从而使你有机会再次和她见面，这一次可能就是你们两个人的约会了。这个策略是很有效的，你要有信心。

如果你喜欢的那个女孩和你同班，这也是很容易的。如果她学习比你好，你可以请她帮你辅导功课。如果你学习比她好，你可以顺便给她辅导。

如果以上情形都不适合你，你感到很难过，只能从很远的地方注视她，以此而得到满足。即使是这种注视也会吸引她，她甚至可能会主动出击。

以下是你的同伴提供的建议：

对我来说，接近女孩不是什么问题——我只需要走近她们，说声：“你好！”

接近女孩的最好办法是把你的所思所想坦诚地告诉她们，也许她们会觉得不错，否则的话你就寻找下一个对象吧。

我不喜欢其他人帮我介绍女孩子。

说个笑话，能逗她发笑就行——她会认为你很风趣很时尚。

你可以先用眼神吸引她，等熟悉以后一切就顺理成章了。

害羞肯定不是一件好事。和心上人结识时，不要傲慢，也不要含糊其辞。第一次约会时，不要老是谈你自己。让一切都有条不紊地自然发展。

这样和她说：“你相信一见钟情吗？不然的话，我们应该再偶遇一次？”

见面地点决定了接近的方法：在咖啡馆里，你可以请女孩喝咖啡，在舞厅里，你可以请她跳舞。你要表现坦诚，不要自命不凡，废话连篇，这很重要。

你要关注令女孩开心的小细节——微不足道的事情也会使女孩倾倒。

我总是首先要弄清楚这女孩是否对我感兴趣，然后我会问她：“现在是什么时候？”她回答时我会说：“我认为这正是我们开始彼此了解的时刻。”

我16岁了，我喜欢同校的一个男孩，他比我大一岁。我不知道怎样接近他，我担心我做好决定时其他的女孩可能已经把他抢走了。你能帮助我吗？

怎样接近一个男孩取决于你想要获取什么。如果你想做的只是为了表明你喜欢他，这应该不难。你只要找到他的朋友，然后加入他的朋友圈，了解他的兴趣爱好，送给他喜欢的礼物（一张CD、一本书……）就行了。你要尽可能地接近他，并经常朝他微笑。他说话时你要认真倾听，这样你可以对他有更多了解，这对你是很有用的。无论男孩多么大男子主义，一点点的体谅照顾也会直接打动他的心。当他心动时，就会注意到你，如果他喜欢上你了，会让你知道的。但如果你没有时间也不想用这种方法去征服一个男人的心的话，你只需直接走到他面前告诉他你喜欢他。但这样做的话，你要避免让这个男孩觉得你在强迫他，或觉得你在给他施加压力。因此，你要用心挑选恰当的时机。所谓恰当的时机就是你们俩心情都很好时。如果你被拒绝了，这并不意味着你有什么问题，只是说明你不是他喜欢的类型。

我和我真心喜欢的男孩已经恋爱两年了，但是最近分手了。我最好的朋友抓住这个机会把他抢走了，我一直怀疑她对我男友有点意思。现在他们俩在约会。我很不高兴，不知道该做什么。对于我和她是否还能保持最好朋友的关系，我没有信心。

我能理解你的不悦，但你不要对他们太过谴责。爱情是自私的，绝大多数情况下是盲目、没理由的。如果你让你的朋友放弃自己的情感，你会感觉好些吗？如果她选择了你的前男友，这可能是因为他对她很重要。不管怎么说，她做的是正确的，因为她是在你们分手后才“抢”走你的男友的，不要忘了，你说过她一直喜欢他。

至于你和你的朋友是否想保持朋友关系，这取决于你们自己。很有可能你们不再会是最好的朋友了，但我认为你们没有必要切断所有的联系。不管怎么说，你不应该对她有敌对情绪。下次你看到他们在一起的时候，你对待他们要像对待你的老朋友一样——当然，如果他们愿意，你还可以和他们交谈。即便你要责怪他们的行为，你也一定要保持自己的尊严，不要在他们面前表露你的情感。你的愤怒不会对任何人有益。

朋友告诉我，我很会调情。请告诉我调情是什么，这是不是不好的呢？

调情就像蝴蝶到处飞舞，从一朵花飞到另一朵花。调情是求爱的开端，轻抚自己的手、飞快地一瞥、话语中的明显暗示，有时哪怕是幸福的沉默也是调情。

男孩和女孩都会调情。在太平洋岛国萨摩亚，求爱的男孩给他们的心上人献上最好的水果，秘鲁的印第安人会跳求爱舞，在非洲的一些部落里，年轻男子会用雕刻图案的木头轻抚女孩的脸。挑逗异性的方式很多，可以用服装和富有个性的行为来挑逗，也可以用多种方法取悦于对方。有些人会主动调情，而且很有技巧，有些人会下意识地调情，而有些人则需要通过学习才能掌握调情的正确方法。

朋友告诉你，你很会调情，她的意思可能是，你在和男孩在一起时会表现得不一样，你会向他们撒娇，奉承他们。什么样的行为可以被定义成调情呢？比如，你直勾勾盯着男孩眼睛看，直到确定你已经引起他注意后才移开目光；你面带微笑，为了使气氛愉快、轻松、自在；你想方设法逗笑对方；你戏弄对方，也乐于被对方戏弄；你找机会触摸对方，却假装不小心碰到……一般来说，调情中不会寓有深刻的情感。调情会让人愉快，它会帮助我们扫除无聊，但也可能是更强烈的情感，比如爱情的序幕。调情如果太过分也是不好的，比如，在异性面前不知羞耻地卖弄风情，或者和最好朋友的男朋友调情……

我不再爱我的男友，但我不想伤害他的感情，也不情愿和他分手。我应该怎么做？

看来你是不想承担分手的责任。你可能想要等你的男友自己意识到你不再爱他，然后就不了了之。你怎么才能达到这种目的呢？比方说，他给你打电话时你假装不在家，你借口自己一直很忙、心情不好、伤心或沮丧，换句话说——你总是没空与他见面。你也可以试着指出他的缺点，比方说在你最好朋友面前表现不好，让他知道你不能再容忍他。这都是为了他好，让他下次谈恋爱时——强调下一次——不会犯同样的错误。很多电影里，你会看到女主角说她在感情中透不过气，她仍然爱着自己的男友，并没有移情别恋，但她需要时间和自由来考虑一下其他事情，要有一些自己支配的时间。

我相信你自己也能感觉到，上述理由和借口对于你们俩都是很不上台面、有损尊严、不适当、不公平的。那么你们还能怎么做呢？你们应该坦诚地谈一谈，这是你男友能够对你保留良好印象的唯一方法。但你一定要清楚，你告诉他你想和他分手时，他一定会伤心的。

人们都说男孩和女孩之间不可能有单纯的友情，但我以前总想用我自己的例子来否定这一点。从小学开始，有个女孩一直是我最好的朋友，我和她形影不离。我们在课堂上坐在一起，上同一所中学，时时刻刻都在一起，无话不说。很多年后，一些事情终于发生了。在参加一个聚会时，不知怎么搞的，我们接吻了，尽管我们当时都有其他交往对象。那次接吻后，我们都很茫然。我不知道她怎么想，但我以前从来都没有这样的感觉。自那天起，我们都不知道应该怎样相处了。我们现在是处于什么状况呢？

很多心理学家说，异性之间的朋友关系介于友情和爱情之间，介于孤立和融合之间。是什么令这两种感受分开呢？我认为，只能受某种约束。情感关系隐藏在一般的友谊中，只是因为人们有意识或无意识地设置了某种约束。男女之间的友谊只不过是一种具有“不可能的爱情”特征的爱情。这样的关系中往往隐藏着潜在的爱情故事。诗人有时把爱情描述成一条地下河，在地下深处流淌了很长时间，然后会在意想不到的时间和地点突然爆发出来。

爱情故事有时会以相反的顺序发展，因此相互的理解、水平相当的学识、共同的兴趣、愉快的相处会比性欲的满足及一见钟情更具决定意义。亲戚朋友、童年伙伴、同学校友、工作同事——所有这些关系都处于友谊和爱情之间。这些关系的共同点是感情稳定、关系明确、互惠互利、而且成为了日常生活的组成部分。这种互惠关系的基础是亲密的联系及彼此的相互理解。

我只能猜测，你是把你的朋友看成是一般朋友还是怀揣着某种你不愿意也不敢向自己及他人承认的想法；是否你的朋友有更多的需求，却因为怕失去和你的友谊而从来没有尝试过；是否过去发生的一些事情已经暗示了你们之间关系的发展。

我认为，一旦出现转折，你应该让故事继续发展。我相信最好的解决办法是你和你朋友公开谈一谈，向她表达你的想法，并倾听她的想法，如果你觉得这样做很为难，你也可以让她主动出击。你可以给她一个暗示。既然你们已经是很长时间的朋友了，她肯定对你很了解，肯定能够领会你的暗示。或者你可以在她脸上吻一下，然后笑容满面地看着她，前提是你要笑得出来。“在此”之前你们是朋友的事实也对你有利——你们可以跳过互相了解这个阶段，而这个阶段往往是最让人绞尽脑汁的。你们俩不需要绞尽脑汁，因为你们已经充分了解对方了。你们只需继续相爱即可。

我是初三学生，成绩很好。我现在约会的男孩长我三岁，辍学在家，没有工作，喜欢打斗，甚至有人说他还吸过毒。父母反对我见他。我的男友脾气暴躁，喜怒无常，有时相当粗暴；我听说他另外还有一个女友，但我很喜欢他。我推测我爱上他了，而且爱得很深，我想我已作好所有准备了。我怎样才能处理好这个情形，让每个人都满意呢？

坏男孩常常会设法激发好女孩体内的激素（美女与野兽综合征），因为他们具有的恰好就是好女孩不具有的——他们能够抵御社会压力，对批评置若罔闻，对权威或惩罚的威胁满不在乎。好女孩觉得被坏男孩选中是一种荣耀。“如果坏男孩喜欢上了我，这就意味着我很有魅力。”坏男孩会给生活增添兴奋感，代表了对真正浪漫感悟的精髓。这是书籍和电影中惯用的手段，并已经在年轻人中成为一种流行的时尚。没有反派角色，生活会非常乏味。

你所描述的男孩是否适合你取决于你对这样的关系做了怎样的准备。你能在这样的关系中找到自己吗？他无视社会规则、长期辍学、和其他女孩约会、寻衅滋事，因此只有在他需要你时，你才可以和他在一起。他做任何事你都不可以批评他，更不用说要改变他的行为了；你的职责就是仰慕他、崇拜他、向他卑躬屈膝。这些你都准备好了吗？

你能绝对肯定这是你所想要的吗？你能肯定他永远都不会把暴力和愤怒施加到你身上吗？你能肯定玩世不恭的他永远不会变坏吗？

你父母很担心，这是因为他们想的可能和我想的一样。即便你认为他们这样对待你是错的，你也应该知道他们是在关心你。希望你能对自己作出的选择三思而行，并让自己迎接更大的挑战：重新找一个男友，既和你志趣相投，又能像与你性情完全相反的人一样吸引你。总之，正如人们常说的：性情相反者能相爱，但志同道合者才能天长地久。

我最近和男友分手了，现在彼此都很冷淡。我很难过，因为我仍然在乎他，我不想失去他的友谊。亲密相处后再保持朋友关系，这可能吗？

你们分手后是否能保持朋友关系取决于你，取决于他，取决于你们之前交往时间和关系的好坏，还取决于其他因素。

你的情况是，是你结束了这段恋爱，却还想和你的前男友保持一般朋友关系。这些是你的愿望，但问题是你前男友怎么看待这件事。他没有提出要和你分手——可能他认为你们是天生的一对。你一旦提出想要和他做一般的朋友，他可能会认为这是一个重新开启关系的机会，或者，如果他的心理为此受过伤害，他可能会开始对伙伴们吹牛，说你没有他就活不了。是你先提出分手的，因此你必须给他时间认清目前的新形势。如果你不这么做，他可能会重启你们先前的恋情，但这又不是你想要的。你只想和他做一般的朋友。他可能不愿意这么做，也可能会设法尊重你的意愿，但这些都不是重要的，最终效果还是一样的。

不管什么情况，你都要考虑一下以下问题：你的愿望对于你或他人是否是一成不变的？你是否考虑过这个问题，你与前男友保持一般朋友关系，将会妨碍他与其他女孩恋爱吗？一旦你自己有了新的男友，你还会与你的前男友保持一般朋友的关系吗？这是你前男友希望的吗？你的新男友又会怎么说？如果你们过去的这段爱情是认真的，如果你们俩都为此投入了大量情感，那么忘记过去，开始一段完全不同的关系，你觉得可能吗？你怎样看待朋友关系？你是希望你们俩不要翻脸呢，还是想在和他见面时能正常交谈？是想和他保持频繁接触呢，还是想更进一步，和他成为最好的朋友？

总而言之，你认为恋情结束后保持一般友谊可能吗？

迈克：这是可能的——但你们之前肯定只是玩玩而已。

约翰：只有当我俩的分手是两厢情愿的，而且仍然彼此尊重时，才有可能。

唐纳德：可能吧——当双方都找到新的对象后。

比尔：去他的友谊！这只会浪费时间——你和一个女孩分手后，马上会找下一个。

萨莉：和一个曾经在情感上有纠缠的人保持一般朋友关系是不可能的。其中有一个肯定想要重续旧情。

安妮：友谊会危及爱情；爱情之后，友谊只会死去。分手后的友谊没有成功的可能……

我觉得自己不再喜欢我的男友了，但我还是会和他见面，尽管我对他的态度不是很友好。我不明白他为什么不愿和我分手，也不明白我为什么还和他见面。我怎样才能分手呢？

要断绝这种关系不是件容易的事，尤其当这样做可能会伤害他人时。虽然你害怕结束这段关系，但不要忘了，这段关系最终还是会终结的。

首先，你要选择适当的时间和场合。不要在一个你们曾经共度难忘时光的地方告诉男友这个不愉快的信息。这些时光应该完整保存，因为愉快的回忆总会使人精神倍增。当然，电话分手或其他朋友在场时分手也是不明智的。

你在谈论分手时，要尽量用第一人称单数："和你相处，我再也不会感到幸福和满足，这种关系不是我想要的……"没有必要为了让分手更合理而指责对方一些让你不能接受的缺点。不能强迫他同意你的观点。最好的办法就是你要表达自己的感情，让他处理他自己的感情。你不应告诉他你还想和他做朋友，不应给他一些其他东西来代替爱情，这可能做起来容易，但他可能视之为羞辱，就好像你刻意疏远他，但还施与他一个"安慰奖"。

最重要的是：如果你决定分手，不要在电话及短信上和他有瓜葛，尽量不要和他碰面——让他独自一人就行了。

我是高中学生，成绩很好。但人家爱意甜蜜，我却正在赶功课。我喜欢一个男孩。我近乎疯狂地爱上了他，但我不知道怎样行动起来。每次靠近他，我会转过身去，假装没看到他。虽然我心中燃烧着炽热的愿望，想要接近他，但我总是避开他。为我们做介绍的朋友也说他是喜欢我的，但我还是远远地躲着他，甚至连一声“你好”也没说过（尽管他已经试图接近我）。我怎样才能有所改变呢？我已经18岁了——如果我还一直这样，会有什么样的结局呢？

你要从他的角度换位思考。你清楚有人喜欢你，或至少猜想她喜欢你，甚或有朋友也给你传过信，但她却表现冷漠，连一句“你好”也不说。她甚至还会扭过头去——就好像看见一个怪人一样。你对这情形有何体会？你喜欢的男孩必须要有超人的洞察力，才能意识到你实际上是正在给他传递一个与表象相反的信息，让他猜测出你爱他有多深。他不是人际关系的专家，因此他会根据这样的行为把你理解成是一个易受伤害的人，一个怯懦的人，而不是一个追逐爱情的人。

你看到他时，要迫使自己不要扭头，你要停下来和他聊聊。让他帮你做一些你觉得难以胜任的工作——从而可以互相了解。男孩对于被拒是很警惕的，也是很惧怕的。那个男孩需要从你那里得到一个暗示——面对着他微笑，直接注视着他的眼睛，就足以开启你们之间的交往。你要使自己的情感为对方所感知。根本没必要担心。

我嫉妒所有人，甚至是最好的朋友，包括我的兄弟……我认为嫉妒比我还要强大，我对付不了它。我怎样才能抑制嫉妒或学会控制它呢？

嫉妒并不是不正常的行为——实际上这是伴随着爱情出现的一种正常且常见的现象。

嫉妒是一种复杂的情绪，是察觉到爱人将要失去——不管是部分失去还是完全失去时所产生的一种反应。我们说嫉妒是复杂的，是指其他诸如爱、恐惧、愤怒、害羞等情感都会伴随着嫉妒同时出现。嫉妒也是一种由怀疑而产生的焦虑感和恼怒感，往往是怀疑心上人正关注他人，对他人偏心，甚或是爱上了他人。嫉妒往往也隐藏在不快、羡慕或邪恶的情绪中，是因他人的幸福或成功而产生的，或仅仅是由于他人拥有我们不具有的东西。嫉妒存在于所有年龄群中，和周围我们喜爱的所有事物和每个人都有关联。众所周知的例子就是孩子的嫉妒，由于嫉妒及害怕失去父母的关爱，他们可能会公然威胁比他们小的弟妹。

人们对嫉妒的来源还未形成统一的观点。有人说嫉妒是在某些情形下产生的一种自然反应，不应被压抑。也有人说嫉妒是在一定文化条件下形成的，在文化模式和社会角色的压力下是可以被压抑或隐藏的。

所有的情感，包括爱情等最正面的情感如果承载过多，便会成为情感接受者的一种负担。过度投入情感的人会认为他们没有得到应有的回报，因而觉得不满足，而在另一端，情感接受者则会被这种情感压抑得窒息，希望赶快逃避。嫉妒可能使上述双方均受伤害。产生嫉妒的情绪意味着我们在乎对方，意味着我们对这个人怀有善意和爱，但同时也害怕失去他。这种恐惧会使我们将周边的人看成对手，认为他们比我们更好看、更聪明、更能干、更容易被人爱、更受欢迎、在各方面都更有趣。

如果我们想要控制并压制嫉妒，我们有必要理性地看清形势，对自己和我们情感的接受者都要进行评估。我们需要停下来想一想产生嫉妒的原因。我们不能忘了，我们都是各不相同的个体，每个人都有各自的特点和需求。

我 16 岁了，从未交过女朋友。原因是我很害羞。我就是不能放松……有时我羡慕我的朋友，他们比我自在多了。我怎样才能克服害羞的毛病呢？

当我们觉得衣着不得体、头发凌乱、说错话的时候，会感到尴尬和害羞。我们会认为大家都会看到这些问题，因而会嘲笑我们。但实际上却不是这样的。你周边的人也和你一样，也会被同样的问题所困扰。但有些人会掩饰得更好些，更善于隐藏自己的真实情感。你所以为的那些“很自在”的朋友实际上在遇到他们喜欢的女孩时，都会被吓得没有主见，他们也很懊恼，因为女孩和他们说话时，他们会脸红、会结巴。他们并不比你轻松——只是他们比你更勇敢。男孩接近女孩时，女孩希望男孩更主动一些（就像别人注意你时，你也会这样想）。其次，女孩也很容易受到惊吓（就像你一样）。再次，只有勇敢面对，我们才能学会怎样与人交际。所以，高高地扬起你的头吧！即使你年纪不大，你也同样会心跳加速，两膝颤抖——因为只有真情流露才会出现这样的反应。

我喜欢的男孩比我小3岁。这行吗？

丘比特的箭什么时候会射过来？这很难说。爱情经常是没有理由的。

年龄相差3岁并不是太大的差距，只不过有点不一样（至少在你这样的年龄似乎是这样）。但随着时光的流逝，我们会越来越感觉到这个差距是微不足道的。爱情成功最关键的是双方都要成熟——有些年纪小的人会比一些年纪大的还要成熟。

情侣之间年龄差距略大不一定会给爱情带来问题，甚至可能还是有利的。但你们可能比较难以面对周边的亲友和经常相处的人。在他们面前你应怎样和你男友相处？你们俩能够坦然面对吗？在你的朋友面前男友能够放轻松吗？你的朋友会说什么呢？年龄差距较大的情侣更重视情感，这样的情侣往往与外界保持距离，对彼此更加依赖。如果换个问题：我喜欢的男孩比我大……答案也是一样的（当然这种情况下谈论年龄差距会较多一些）。然而，毋庸置疑的是，任何人归根到底都有权作出自己的选择。

我女朋友住在离我家乡很远的地方，我一年只能和她见两次面。从你的专业角度看，远距离的爱情能成功吗？

关于情感是没有放之四海而皆准的规律和观点的。专家说，具体问题具体分析。

那么，根据你的具体情况，你应该考虑的是：你们远隔两地已经多久了？这种情况是暂时的还是永久的？你们经常通电话或网络聊天吗？你们隔多长时间见一次面（我觉得一年见两次太少了）？你们每次见面可以相处多长时间？诸如此类。总之，你们的爱情能否成功，既取决于你们自己，也取决于环境。

我的朋友和她的男友发生性关系后就变了。不要问我她变成什么样，反正就是不一样了。她说她没有怀孕，但拒绝谈论此事，她显得疏远而不安。

性关系（尤其是第一次）总是与窘困与恐惧纠缠在一起的。

首先，人们是否应该有性关系？什么时候可以有？在你们的这个年龄段，发生性关系的动机各不相同。其中之一是好奇。有三分之一的女孩是完全出于好奇而初次经历性关系的。有些人虽然不喜欢性关系，但为了不被同龄人排斥，也会这么做。有些人则认为这可以帮自己更快地成为成年人，让他们摆脱很多问题（无论这些问题是什么）。而对另一些人来说，发生性关系是获得他们所希望的爱情和温柔的唯一途径。有些人认为性有助于挽救爱情，因而拒绝对方的性欲是没有好处的。我希望你能同意我的观点，以上所述的都不应成为发生性关系的真正理由。人们往往对性行为本身及其后果带有一种恐惧——可能会带来疾病和怀孕，是否会被人知道，他人会说些什么，是否会指责你们。

不管怎样，最重要的是，性行为并不是单纯的生理行为，还应在心理上做好准备，要准备承担新情况带来的所有责任。你不可以忘掉性关系双方应该共同承担的责任（就像愉悦感也是共同享受的一样），双方都不可以忘记必须采取预防措施。在检验室外焦虑地等待检验结果，而心知这完全是可以避免的，这时哪来的愉悦呢？

注意到你朋友发生的事并关心她，这肯定是对的。这意味着你们是真正的朋友，你正在试图帮助她。你要试着和她谈谈她对男友的感情以及对性的看法。但也不要强迫她信任你，不要给她增加负担，你要让她知道你是为她好，你是关心她的，是有可能帮助她的。你可以建议她找专家谈谈——大多数医疗中心的青少年咨询服务都配有心理医生和妇科医生，他们可以为我们提供很好的建议，帮助解决困扰我们的问题。

我已经有过多次性行为，但我很失望，我从来没有“春心荡漾”的感觉……我告诉我男友，我们很努力，可是都没成功。我真的很爱我的男友。

性关系往往是和很多成见纠缠在一起的。一种成见是女孩在初次性关系时必须要有性高潮，有春心荡漾之时。有时这的确会发生——但也不是很频繁。

一般说来，很少有女孩会在第一次性接触时体会到完全的性满足感，哪怕是有了多次性行为后，也不见得会有这种感觉，这只是因为女孩需要一定的时间从身心上来适应这种最亲密的关系。完全的满足感来自于爱欲，而爱欲则来自于爱情。

我的建议是你先不用这么努力，你只要不去想就可以了。如果你们真的相爱，就一定能够互相配合，心想事成的。

我约会的对象与我都是17岁。他有过性经历，和好几个女孩发生过关系，而我却没有这方面的经历。我的很多朋友也有过性经历，只有我没有。我在发牢骚时，大家都劝我不要太着急，但我认为他们都已经领先了，我永远也赶不上他们。

你与那些有过性经历的女孩相比，只是在勇气、轻率程度、好奇程度上有所差别。我不认为他们会比你更开心。他们只不过早一步行动，提前尝试新鲜事物而已。那并不意味着他们更成熟，更幸福，并不意味他们得到了你得不到的东西，也不能说明他们现在的生活是充实的。每个人都会沿着自己的路线，按着自己的节拍，在生活中前进。你不应该羡慕别人。一旦你将自己和他人比较，你可能陷入很多不必要的烦恼中，最糟糕的结果就是你会失去自己的个性。时光并非如同你想象的那样飞快流逝。有志者事竟成。

我17岁了，我和一个男孩相处了两年。我们相处得很好，然而，我们尝试着发生性关系时，却都因为我而没有成功。我感到很疼，无法忍受。我该怎么办呢？

性关系是两性关系中的重要组成部分。对大多数女孩来说，初次性关系往往会遇到某些问题。有时性行为对女孩来说会有痛感，这是由女性生殖器（处女膜太厚）或男性生殖器尺寸太大造成的。有时，这种疼痛可能会由于惊恐而加剧。因担心疼痛而过度焦虑的女孩往往会感到更加痛苦。你紧张地等待这种疼痛时，你的肌肉（包括阴道周围的肌肉）也在收缩，很自然疼痛会比预期的更剧烈。这种问题往往和心理有关。初次性行为的感受取决于男方的行为。如果他谨慎而耐心，如果双方都为此做了充分的准备，疼痛即使不会完全消除，也会减轻到可以容忍的程度，并且疼痛感很快就会消失。

如果你们约会已经两年了，那他肯定是耐心而正派的，不会加重你的问题。我想问题可能不是他造成的。很可能是你由于某种原因还不想发生性关系。随着时间的流逝，问题可能会自动消失，但如果问题还一直存在，你可以先找妇科医生看看，他会给你推荐合适的专家。要解决这个问题，通常只需和专家交谈几次就可以了。

前几天，有人在谈论有一种在性行为后24小时内服用的药片，这样的药片真的存在吗？

是的，在性行为后服用的药片是确实存在的。但这不是避孕药，服用这些药只是解决怀孕问题的最终手段。这种药是女孩在未事先采取避孕措施的情况下发生性行为后服用的（尽管不用避孕套是不应该的，因为避孕套在药店里、超市里、甚至报刊亭中都可以买到），也可能是在避孕套破裂，可能导致意外怀孕时服用的。这些有着事后避孕功能的药物在药店有售。这种药有两片：一片在性行为后立即服用，而另一片在12小时后服用（一定要依照说明书服用！）。这种药片会影响体内激素分泌。药物成分会与受精卵结合，使之与子宫壁分离，然后衰亡。我必须再次强调的是这种药片不是避孕药，只有在意外情况下才可以服用——你最好咨询一下妇科医生。

我怎样才能避免染上艾滋病呢？

首先让我们先谈一下艾滋病吧。艾滋病是由人类免疫缺陷病毒（HIV）导致的，这种病毒会破坏免疫系统的细胞，并致使它们死亡。被传染上 HIV 的人会失去抵抗有害微生物的能力，逐渐感染各种疾病，从而走向死亡。有些人可能 HIV 呈阳性，但并没有艾滋病症状。大多数 HIV 呈阳性的人几年内没有任何艾滋病的症状，身体状况和其他人相比也没有什么不同。只有在这段表面上健康的时期过去后，艾滋病症状才会出现。HIV 呈阳性的人也会传播艾滋病病毒，这和被确诊为患有艾滋病的人一样。

HIV 不会通过接吻、喷嚏、咳嗽、尿液、粪便、握手、拥抱、汗水、眼泪传播，使用艾滋病患者用过的餐具或床上用品，触摸艾滋病患者抓握过的物体（比如公共交通工具上的扶手）也不会使你感染艾滋病，动物或昆虫也不会传播艾滋病。

然而，艾滋病会通过患者的血液传播（如直接接触血液或使用未经消毒的手术工具），会从母亲传播给子女（如怀孕、分娩、哺乳等过程），会通过静脉注射毒品传播（如使用其他人用过的注射器和针头，注射准备过程中混入了患者血液的毒品），会通过纹身和穿孔美容传播（使用别人用过的染色剂和不洁净的工具），当然，也会通过未作防护的性行为传播。艾滋病是一种主要通过性行为传播的疾病：病毒很容易通过皮肤伤口和生殖器黏膜传入体内，这就是为什么“安全的性行为”——使用避孕套——非常重要的原因了。只有在使用避孕套的前提下，接吻、拥抱、性行为才是安全的。避孕套应该去正规药店购买，要注意检查产品有效期。购买避孕套和购买口香糖或阿司匹林一样，是很正常的事。

这样做意味着你不仅对自己负责，而且也对他人负责。

我和学校

老师总是引用权威的话。什么是权威？

人们通常对所谓权威人士有一些既定的看法，通常他们被描述成：为人严肃而恪守纪律、昂首挺胸、身体挺直而强壮、充满“科学思维”、学识渊博、其观点备受推崇、其行为对我们的生活举足轻重。

我们生活中的权威可能是我们的父母、哥哥或姐姐、亲戚、老师以及各种公众人物，如科学家、学者、政治家等。被称为权威的人必须名至实归，必须有很好的名声，德高望重。这就意味着权威必须获得过举足轻重的成就，必须具有社会公认的个人价值，同时也要具有坚强的意志，必须懂得如何尊重他人。真正的权威应该是被人们自发推举的，而不是在权威意志的压力下产生的。

不被人喜爱的权威就不是真正的权威。我们推举某些人为“权威”，是因为我们喜欢这些权威，或者喜欢他们的行为、言辞、文采、创意。我们尊重权威的观点并不是因为我们不得不这样做，而是因为我们认为这些观点是正确的。

谁是你的权威呢？

对我来说，权威就是那些我必须尊重其观点的人，不管这些观点是正确的还是错误的，因为我信赖这些人。父母是我的权威，他们阻止我做很多事——在他们看来，这都是为我好。

老师也是权威，他们给我们较低的分数是为了激励我们学习，我们必须尊重他们，别无选择。

我所认为的权威，他们的观点和批评我都接受。我会听从他们的建议，不管难度有多大，因为我认为这些建议都是为我好。父母、亲戚以及部分老师都是我的权威。

对我而言，最伟大的权威是我的母亲。她是最真挚的朋友。她不会纵容我的心血来潮，但她往往是公正的。我经常和她谈论一切有压力的事情，因为我相信她总是会给我正确的建议。

权威都是严格而倔强的，但却是公正的。

我今年来到贝尔格莱德开始读中学。我觉得很难适应。我想知道我是否作出了正确的选择。

每个新学年开始时，不同年级的孩子会有各种各样的问题，充满担心和焦虑，中学一年级的学生表现得尤其明显。这对他们来说是个艰难时期——他们换了学校，离开了所有的同学和老师，其中许多甚至离开家乡，来到新的城市，住在宿舍里、亲戚家里，或租住公寓。

“我正在这里做什么？”“这个学校适合我吗？”“受这么多苦到贝尔格莱德读书，值吗？”从提出这些问题到学业有成、功成名就还有很长的路要走。一路走来，有些人轻轻松松，有些人则历尽磨难，有些人喋喋不休，而有些人则“逆来顺受”着，但对于所有人来说，这段艰难路程是一定要经历的。我们怎样才能从容面对？怎样才能适应环境并获得成功？要回答这些问题并不容易。然而，对于怎样度过这个人生的艰难时期，怎样应对人生的重大变化，还是有许多值得参考的建议和忠告的。

首先，请你对自己的人生目标再思考一下，你现在就读的学校是你梦寐以求的——

想想看你完成中学学业后能够得到哪些收获。不要只关注到这里上学所经历的困难。克服困难后获得的成功更有人生价值。

你来贝尔格莱德读书后，应该把这里当成自己的新家。不要老是想着回家，如果你每次返回贝尔格莱德时总是情绪低落，就更不应该回家。在你周末回家时，你的家人和朋友的确会非常快乐，你父母会深情地看着你，他们所有的注意力都集中在你身上，你母亲会做你最爱吃的菜，你会带着家乡的气息回到贝尔格莱德……所有这一切都很美好，但不要急，人生中还有更多美好的事等着你呢。没人能把这些幸福从你那里夺走。你只是晚一点享受这种幸福罢了，因为你要实现一个特别的目标，这个目标在人生的这个阶段尤为重要。

有些学生感到有点不安，因为他们不认识班上或学校里的任何同学——他们的朋友都去了其他学校，他们失去了学习的伙伴，不能分享小秘密了。这应该是适应新环境的过程中较容易克服的一个环节。在你这个年龄，交新朋友是很容易的——只要你有这个意愿，略微做些努力就行了。

一旦你接受了现状，剩下的只有适应老师、满足老师要求、完成学习课程要求等方面的问题。这不会很容易，但你一定能做到的——要相信自己，相信自己的能力。

我刚开始中学的学习，成绩还不错。不过，最近我上学前会觉得头痛和肚子痛，好几天课都拉下了。每当我决定去看医生而不去学校时，病就会好些。我该怎么做呢？

头痛和肚子痛是你身体发出的信号，表明你感到焦虑——如果你未能达到预期的学习成绩或得了低分，会发生些什么？你的同学会怎样对待你？而当你远离学校时，你就不会那么紧张，因为一些更为轻松的想法会替代你对学习的担忧。临近上课时，你的症状便会出现。

由于你来到新的学校，在新的教室里上课，你的环境发生了改变。你需要和一群新朋友在一起，这不是你自己可以选择的，你将和这些不熟悉的新面孔共度岁月。你碰到了一些必须要遵守的规矩，十几个新老师不断强调，你已经长大成熟了，你的学校不再是以前的义务教育机构了。考虑到最后这个因素，你的焦虑是意料之中的，是合情合理的，这是毫无疑问的，然而，你需要做的就是要解决这些问题，要付出一些努力。

坦诚地和你父母及其他人谈一谈，也可以和班主任或其他老师谈一谈。让他们知道你在学校遇到的困难，你所担忧的事，以及为什么你会怀疑自己的能力。如果他们都无能为力，你也可以咨询学校的心理医生，他们肯定会理解你的，肯定知道怎样帮助你。

我怎样才能协调学业和恋爱，使两者都不受到影响呢？

这很简单——只要把时间恰当地安排好就行。

爱情是一种奇妙的情感。它会使我们感到幸福，充满活力。它会赋予我们力量和自信。当我们有被爱的感觉时，所有困难都不再那么可怕了。然而，不管我们对心上人是多么执著，对过去的愉快经历是多么留恋，对未来是多么憧憬，生活中还是会有一些不怎么令人愉快的事情，有些事是人生不可或缺的，是我们必须去做的。对你来说，这种事就是学习了。如果你希望有更多的时间可以专心地与你所亲近的人在一起，你就需要努力提高自己的学习效率，为爱情创造必要的条件。

如果你积极面对，你会全身心投入学习，以便尽快完成任务。具有良好学习习惯及强烈求知欲望的学生往往会制订学习时间表——每日或每周的学习计划。这就意味着他们会把一天中的某些时段专门用于学习。由于这些时间是学习专用的（期间不会有电话打扰、不会有不速之客、不会外出看电影、也不会有其他逃避学习的借口），这些孩子会锻炼出很高水平的注意力和记忆力。具有这种能力的孩子不必花很多时间学习，因为他们的学习时间是很高效的。他们的思维不会散乱，他们很容易专注于眼前的功课。如果他们总在某个房间内学习，那么只要一进那个房间，坐在座位上，他们就会立刻进入学习状态。使用某些技巧和方法也有助于提高学习能力和记忆力。

你只要完成学习任务，就可以利用剩余的时间与心上人相处。这种感觉会更好，因为你明白你已经很好地完成功课了。然而，如果你不明白怎样安排你的时间，或是对自己的做法不太满意，你可以咨询学校的指导教师。

每当我碰到新情况，或在课堂上回答问题时，我的心情就会很糟糕。我的大脑会一片空白，讲话也语无伦次。我想这是怯场——这是为什么？怎样才能解决这个问题？

每当我们面对一项重要的任务时（对你而言，需要学有所成）或在全班同学面前回答问题时，我们都无一例外地感觉到一定程度的焦虑、不安、胆怯——我们会感到内心七上八下。这种现象被称为怯场。无论我们是多么自信，我们在重要场合还是担心可能会犯错。

面对很多观众时，进行口语考试时，参加体育竞技时，或准备参加其他重要场合时，我们都难免会产生胆怯。这是源于对未来的恐惧，造成胆怯的事情一开始，这种感觉就会逐渐消失。大多数人会在他们第一次经历的场合中体会到这种感觉，只不过程度有别而已。有些人无所畏惧，或者说很少胆怯。他们有能力对自己及其所处的状况进行评估；他们自在而放松，因为他们的期望并非很高。安于现状、自鸣得意、无欲无求的人也很少会紧张，因为他们不在乎成功与否。

这种感觉有其积极的一面，也有其消极的一面。积极的一面是，它会使我们为实现重要目标而努力，激发各种潜能（使人多加学习和操练，掌握更多技巧……）。消极的一面是，焦虑和恐惧会降低我们的自信。对失败的恐惧以及对自身能力的不信任会使我们消极预期事态的发展，觉得自己难以胜任；前景似乎一片黑暗，而我们的焦虑更是有增无减。这往往会导致真正的失败，从而使我们的自卑综合征进一步恶化。这种感觉的根源是对不确定事物的恐惧，是对不可控制的形势感到无能为力而产生的恐惧。

忐忑的心情只能通过以下方法来消除：热身准备及放松练习（自我训练、渐进式放松练习、呼吸训练……），认真思考将要发生的事情，向自己信任的人寻求支持（这些人就像助手一样，事前他们的言辞会给予我们支持和鼓励，在事情发生过程中，他们的表情也会给我们安慰）……你还需要学会建立自信心（“我能做到！”“我懂，我可以的！”），需要树立现实的目标。如果我们能够直面恐惧的来源，积极地思考，努力将可能的错误转变为自己的优势，这也会给我们带来很大的帮助。

我朋友频繁逃课，有时还会唆使我和他一起逃课。有几次我和他一起逃了课，我以为这样做可以帮助他，但我发现这没有效果。我怎样才能帮助他呢？

你的朋友为什么会逃课？这有很多原因——有些原因可能很普通很简单，而另外一些原因则可能非常严重。例如：他在逃避考试；他害怕上学；他甚至觉得上课很无聊；他和同学在一起很紧张——可能有人伤害过他，他还耿耿于怀；他和父母有矛盾，这是一种无声的抗议……不管何种原因，逃学肯定会导致负面的后果。他的缺课记录会越积越多；他父母迟早会知道他逃学的事；他会错过很多课程内容而落后于同班同学，从而导致成绩下滑，甚至考试不及格……

你要和他坦诚地谈一谈，告诉他你想帮助他，同时你也要想办法找出他逃学的原因。你知道了原因后，还要准备一些理由来说服他逃学是不对的，他这样做不能解决问题，只会制造新的问题。你要告诉他，虽然在学校里遇到了一些小问题，但他可以更优秀，更勇敢，更重要。如果你不能成功说服他，可以带他去看学校的心理医生，他们肯定知道怎样帮助你的朋友。

为什么老师都是这么不公平？为什么他们有区别地对待学生？为什么老师的情绪会影响成绩？

“人非圣贤，孰能无过”这句格言适用于所有人，不论是何种职业。我们必须知道老师也和其他人一样都是普通人，有时也会犯错。

我们各不相同。有些人工作时可以把所有个人问题放一边，而另一些人则没有这么好的职业素养，不善于转换角色。这就是为什么老师有时会在课堂上情绪化，会发脾气，甚至会发怒，让周围人都知道他心情不好。我们都会因为某种原因而心情不好，并把怒气发泄在无辜者身上，任何人都遇到过这样的情形。

要做到完全客观并不容易，有时老师很难掩饰他们喜欢谁，不喜欢谁。想想你自己有多客观。有时，无论我们多么希望自己能客观专业地处理事情，我们依旧难免会犯错。

这就是人类的天性。虽不完美，却有人性。当然，我们必须力求尽可能少犯错。

每当课堂上老师提问我时，我的心就怦怦乱跳，口干舌燥，大脑一片空白。我怎样才能克服这种对口试的恐惧呢？

我们都很清楚，口试前我们都会紧张。考试前我们内心的胆怯和不安（实际上，当接受测验或工作评估时我们都会这样）是伴随着考试而产生的正常的情绪表露。

我们在参加考试时，我们满脑子都在想考试可能失利。想到自己要被他人评估，就会产生恐惧感以及对自己能力的怀疑，因而也会导致注意力下降。那些与人相处时常常忐忑不安的人以及那些害羞且过度敏感的人往往会觉得考查知识的测验简直就是场灾难。有些人生来就是这样，而有些人则是因后天环境影响引起的，例如有人只对某个老师有这种反应。影响这些恐惧的因素包括我们的实际知识水平、对课程的兴趣、以往考试失利造成的心理阴影。

克服恐惧的原理和恐惧产生的原理是一样的。首先要承认这种恐惧是存在的，并找出引发恐惧的情景。任何时刻都要保持积极的态度，这虽然较难做到却应该努力尝试。千万不要想任何可能的负面结果，不要想还有什么没有学会，不要想老师可能会问你回答不了的问题……应该把口试看作是有教养、有文化、有学识的两个人之间的正常交谈，双方展示各自的能力及知识水平。但我们需要掌握一些知识才能够以这样的方式思考。一旦我们对我们自己及我们的知识有完全的信心，恐惧便会逐渐减少，直至彻底消失。

为什么老师总是对的？为什么他们不允许我们有不同的意见？为什么大家总会站在老师那边，而不支持我们？

你问我为什么老师总是对的，为什么大家总会站在老师那边。好吧，这只是因为学校和教育的传统形象——这种形象已经流传了几百年，实际上你的父母和你的老师也是这样接受培养的。教师被赋予了权威的角色，他们总被认为是对的。

不可否认，当我们犯错时，承认错误不是件容易的事。在一群人（尤其是正在接受教育的学生）面前承认错误将会更难。当老师由于某些事情在课堂上被学生“冒犯”时，他们肯定会感到威胁和伤害，因为他们觉得这些孩子正在侵犯他们的名声和权威。

我的建议是千万不要公开顶撞老师（师生关系不应该被看作是战争中敌对阵营之间的关系，而应该是合作伙伴之间的彼此交流关系）。你可以在人尽可能少的场合，尊敬而礼貌地提出你的观点。比如，你不应该说：“老师，我和玛丽旗鼓相当，你为什么给玛丽‘A’，而给我‘C’？”你可以考虑这样说：“老师，我感到很伤心，因为我认为我应该考得更好的。可能我……”

有些老师一个眼神就能使学生吓得动弹不得。有时老师提问到我，我会害怕得不知所措不知道说什么好。怎样才能消除对老师的恐惧呢？

从你的言辞中，我能看出你清楚你不是唯一有这种问题的人。在接受教育的过程中，每个人至少遇到过一位这样的老师，他们令人畏惧，在我们的生活中留下心理阴影。

我的唯一建议是学习如何克服心理障碍，以适应这些老师。千万不要和这样的老师发生争辩——他们不会做出让步的。你必须接受这样的事实，有些事情不是你所能左右的，你要尽可能完成好你所有的学习任务。

我现在备受困扰。我学习很努力。自我测验时，我什么都会，但参加学校考试时，我总是很茫然，考试成绩总是比预期的要差。我不知道为什么会这样，我应该怎么办？

在公开场合发言，尤其是接受知识方面的考查时，我们体内往往会发生一些变化。典型的怯场表现是：心跳加速、浑身冒汗、双手及声音的颤抖、疲劳或神经兴奋、脑子糊涂等。至于这些症状只出现一种还是好几种同时出现，在发言开始后会立即消失还是会持续不停，这都是因人而异的。

有时，我们体内的变化过于强烈，甚至会阻碍大脑思维，从而使我们不能将所学的都发挥出来。这就是为什么成功会和我们擦肩而过，尽管我们已经全力以赴。如果我们付出的努力和获得的回报间的差距还一直持续，甚至发现这种模式已经成为一种常态时，这种状况就只会加剧我们的恐惧，使挫折、不满、焦虑、无助等感觉更加强烈，最终形成恶性循环。

你可以和同学谈谈。你很快会发现许多同学也有同样的困扰。当你了解到其他人也有这种经历，或者和你有同感时，这种问题就不再是你一个人的问题。你觉得哪门课最困难，就可以和这门课的任课老师谈谈。你要促使自己在课堂上主动展示自己的知识，而不要等待别人对你提问。如果你热衷于展示自己的知识，这就意味着你对所学和所了解的知识非常有信心。有时间的话，你可以去请教学校的指导教师，他们会把最适合你的学习方法教给你。可能你只是选用了一种你熟悉的却不正确的学习方法……

我和我的家人

我 17 岁了。我在一所我喜欢的中学上学，成绩很好。一起玩时，我总是主动投人所好，这甚至连老师都知道。但那只是在学校。在家里我会变得粗暴、不友善、冷酷、孤僻、寡言。我有什么问题吗？我有个弟弟，我不喜欢他，我也不喜欢我的父母。我把他们看成是陌生人，不喜欢看到他们。我会和他们争吵，我拒绝听他们的话。总之，我很少和他们联系。我已经成为了一个不再被人关注的人。我不想让这种状况发展下去，这不是真正的我。我该怎么做才能改变这一切呢？

在我看来，你总是认为没人理解你，没人爱你。你这个年龄的年轻人往往不能控制自己的行为，也不能理解自己的行为。这个年龄也是最容易与他人爆发冲突的阶段。有些人同社会抗争，对政府不满，成为反叛者；而另一些人则在家里和家人争吵。和他人在一起时，你想给别人一个好印象，想被人们喜欢，想展现出最好的形象。在这方面你是成功的，受人喜爱的，你体现了自我。但这会使你精疲力尽。在家里，你认为所有人理应毫无保留地爱你，你不需要投其所好，不需要表现出良好本性，便能赢得他们的爱。

然而，由于人和人之间的关系是双向的，你的父母和兄弟也希望感受你的善意。如你自己所说，除了冷酷、粗暴、敌意、漠不关心外，你什么也没给他们。这样一来，在他们眼中，你就变得不可理喻，变得疏远，于是你印象中他人理解的缺失就成为现实了。

我相信，从你角度来看，这个时候你父母的所有做法是不正确的，也是不可原谅的。我认为他们实际上是理解你的，他们只是在忍让你，让你自己评价自己和自己的行为。而这些恰恰就是你正在思考的。你发现自己的行为是不正确的，你对你父母及兄弟的态度既不合适也不现实。理解了问题所在就解决了问题的一半。

我敢肯定，你知道我会给你提供哪些建议来改变这一切。一旦你稍微改变一下你对家人的态度，一切都会发生改变。你可以试着在自己家里也主动投人所好一次。你所投入的精力会很快得到回报，大家都会心满意足。

我觉得在家很压抑，常常想离家出走。但我没什么地方好去，所以只好待在家里，每天越来越糟。我应该做些什么呢？

当家庭冲突不能满意地解决时，离家出走的想法就会出现，此时哪怕只出走一小会儿似乎也是唯一的解决方法。这些人这样做是试图使自己与不能忍受的场合保持尽可能大的距离，试图从喧嚣、叫嚷、惩罚中摆脱出来，从不可能克服的身心折磨及无止境的焦虑境地摆脱出来，得以暂歇。

想要离家出走有很多原因：完成不了自己的责任或实现不了父母的愿望；缺乏自信且充满恐惧——不管是否有真正的威胁；害怕父母了解到他们的学习成绩后对他们进行惩戒、训斥、甚至殴打；希望证明自己对于父母来说是多么重要，迫使他们改变对自己的态度，使他们感到懊悔从而纠正对待子女的行为；糟糕的家庭关系……孩子对家庭及家庭关系的看法不一定正确，可能会有偏差，但仍值得关注。有时父母的行为完全没错，但处于青春期的孩子可能会过度敏感，因而出现问题。

通过离家出走，或表达这样做的意愿，你是在提醒父母，你们之间的沟通出现了问题，你没有其他办法来解决。你要和你父母谈谈。选择一个恰当的时机，诚恳地和他们谈谈你自己及你的糟糕感受，向他们询问解决办法。可能你的父母会认为他们待你尽心尽力，但没有意识到你觉得待在家里不舒服。如果问题没有用言辞表达出来的话，往往除了受害者外，没人会注意到问题的严重性。因此，你应该和你父母自由坦诚地谈一谈。如果你认为这是不可能的，或不知道该怎样做，你可以去校心理医生那里，他们会给你提供帮助的。我相信你会同意我的观点的，离家出走——或类似的逃避问题的行为——不是解决问题的办法。

我讨厌我爸妈，因为他们老是叮嘱我做什么，怎么做。“你说谢谢了吗？”“你礼貌了吗？”“注意你的态度！”，诸如此类。他们使我变得固执，我会故意和他们唱反调。我已经告诉他们无数次，让他们不要烦我。但他们还是老样子。

让我们看看事实。对你父母来说，你永远是他们的孩子，他们想把你培养成诚实而有礼貌的人（即使你已经是这样了）。他们非常担忧（可能有点过分，尽管他们不这样认为），他们在你身上投入了很多，因此他们希望一切都是完美的。

你认为他们早已完成他们的工作了——即使还没全部完成，关于礼貌基本原则的那部分至少已经完成了。这就是为什么你会觉得你父母正在压抑你，在某种程度上还让你丢脸，因为如果他们一再提醒你要做什么说什么，这就意味着他们以为你还不知道什么是正确的举止。但你其实知道该怎么做。我希望你在抗议父母的唠叨时不要采取一些你自己也会感到羞耻的行为。

现在该怎么办呢？你已经无数次地告诉你父母，你厌烦他们老是围着你转并叮嘱你做这做那，因此再谈一次应该也不会有大的变化。那么还有其他的办法吗？你可以试着再和他们谈一次，用平和有教养的方式告诉他们你的感受；你可以继续你所认为的正确且合适的举止，同时理解你父母对你行为的干预是完全出于善意的，你要虚心接受；或者你可以用他们喜见的行为取悦他们，从而避免所有不必要的建议和评论。你自己做决定吧。

我和妈妈住在一起。她对我做的任何事都持反对意见。我朋友请我提些建议，但如与他们的预期不符的话，他们就会指责我。我一直有一种负罪感，总会从我的内心啃噬我，我时不时想哭，为什么不管什么事情我都会受到指责。我是否应该有这种负罪感呢？

当我们的行为违背自己的原则，威胁自己的价值观时，负罪感就会出现。有些伤害是不可避免的，而受到不合理伤害的人还得生存下去。有了令人难受的负罪感，我们会改变自己的方式方法，如果可能的话，会修补自己造成的伤害，或至少会为此道歉。但负罪感主要与我们自己有关，不只是与他人有关。认为自己不够聪明，不够美貌，不够成功的人难道不多吗？当我们期望得到爱与尊重而没有获得符合期望的程度时，当我们认为我们必须知道他人提出的问题的答案时，当我们因为事情没有按照自己的预期发展而自责时，当我们因不能解决他人的问题而感到懊恼时，当过去所做的事导致不好的结果并一直影响我们的情感和行为时，负罪感也会出现。负罪感会导致胃部痉挛、头痛、恐慌、焦虑紧张、羞耻惭愧，有时甚至会令你伤心难过。

我并没发现你犯了什么错误，我认为你根本不应该有负罪感。我列出了一些方法，你可以用于思考和行动，你先要减少你的负罪感，然后彻底将其消除。首先，你要做你自己满意且感觉良好，同时对他人没有威胁的事。每当有需要时就要向他人求助。开始解决他人的问题之前，想一想这是否是你做得了的。如果你决定要做，就要学会克制，只要倾听就可以了。通常，倾听就是在帮忙，也不会有人在事后指责你出馊主意。期望大家对你尊重就行了。你要明确你有权改变你的观点，有权说“不”、“我不知道”、“我不明白”、“这不关我的事”。你不必在任何情况下都解决问题。你要试着表达你的情感。这些情感不应该独自回味，有时应该和他人分享。另一方面，不要总以为每做一件事都需要解释，即使有时候别人的意见并不正确。最重要的是，你自己的行为应该首先由自己进行评判。

小学里我一直得“A”。中学第一年读了一半，我的平均成绩全“A”。父母判断任何事情只看成绩，我也继承了这一点。我唯一考虑的就是我的成绩，如果我得了一个“B”，我会感到伤心，会有强烈的负罪感，我认为这样下去的话，我会发疯的。要知道，这只是中学一年级！我的成绩低于“A”时，你应该看看我父母的反应……尖叫、怒吼、失望！我辜负了他们，我越来越差了……我怎样才能继续下去？大学会怎样？但愿我还能考上大学……

所有的父母都希望他们的孩子是最好的、最聪明的、最成功的。孩子如果有能力达到以上目标或者成功完成一部分目标，父母的期望只会进一步提高。你家里的情况就是这样的。你能满足你父母的愿望，你父母已经习惯了你一直是个全“A”学生。如果他们不担心你会令他们失望，他们就会很开心。你应该和他们谈一谈，让他们消除疑虑及担忧，告诉他们你和他们的目标是一样的，你在学校表现好不只是因为他们对你有要求，而是因为你也是这样要求自己的，你可以问问他们，你是否曾经让他们失望过……

对于你自己来说，不要因为无休止地追求高分，担忧自己的成绩，而变得心情不好，有负罪感，失眠，或者封闭自己。失败是人生不可或缺的组成部分，你应该尽可能习惯这种状态，因为将来你肯定会遇到更多失败。你最好为自己设定一个人生目标。这应该是一个你所向往的目标，只要辛勤工作并相信自己及自己的能力，就能逐步实现。

为什么父母打了他们的孩子后从不道歉？为什么他们需要他们的孩子怕他们呢？为什么有些父母很凶狠粗暴呢？

抚养孩子是家庭中最艰难的工作，责任也最大。没有一所学校会教夫妻怎样成为好家长，怎样将他们的孩子培养成受人尊敬且自尊的人。因此，年轻的父母应根据自己父母的经验，根据他们所处文化的传统习俗，利用其他途径习得的知识，尽自己的能力应对问题。他们总是希望用最好、最正确、最有益的方式对待孩子。

奖惩机制的应用不能与培养孩子及发展亲子关系的整个过程隔离开来。

惩罚的目的在于调整、改变、消除父母认为其孩子身上不可接受的行为。惩罚的形式取决于父母所选择的培养子女的模式。当然，惩罚并不等同于对孩子的身心虐待。我相信，对孩子采取惩罚时，所有父母心里都不好受。

个性中存在独裁主义的人会表现得比较好强。他们严格，要求高，通过威胁和惩罚来保持纪律，他们对孩子非常冷酷，而对其他人，他们强调服从，对权威和传统极为尊重。人们很难和他们进行交流或坦诚的对话，因为他们拒绝解释他们的行为及决定。在培养孩子方面，独裁的父母往往会运用惩罚、禁止、限制的手段，要求孩子遵循严格规定的行为准则，并无条件服从，使孩子产生恐惧，有时甚至还会进行肉体惩罚。这样的父母认为他们这样做都是为了孩子好，这是他们能把孩子培养好，使孩子出类拔萃的唯一方法。有些心理学家认为好强等许多情感的根源来自于恐惧。在现实生活中看来也是这样的：父母害怕自己不能履行义务，不能对他们的孩子产生正面的影响，不敢指出错误，或者在抚养孩子过程中造成疏忽及过失。

我们不建议家长过于严厉，但是，父母和孩子尊卑不分也不好。父母终究是父母。真心的尊重也会激发出一定程度的敬畏，这种敬畏是对父母权威的一种反应。

我父母总是偏爱我哥哥。他们都说我不及哥哥的一半好，我的成绩一直不如哥哥，我朋友的层次也比他朋友的层次来得低，他更聪明更英俊。我曾试图超越他，我刻苦学习，不出去玩，也从不交女友。我得到好成绩，父母却无动于衷。我现在在读高中，我想要继续上大学，我还是没有女友，我的朋友很少，我自己也认为我很愚笨无聊。现在对我来说，我自己的观点比父亲的观点更重要。根据老师的标准，我是成功的，根据父母的标准，我就不如哥哥，而根据我自己的标准，我是失败的。

一个家庭中，弟弟妹妹往往比较失宠。父母会对长子区别对待——有时只是因为他最早出生，父母不太懂如何照顾他们，因此呵护得有点过分。父母对待第二个孩子会从容些，但关爱会减少。只要父母对孩子进行比较，就肯定会出现问题和意外。

在我看来，你模仿哥哥，甚至想要超过他，这其实是在支持父母的偏心行为。

这真的有必要吗？你未能实现你的愿望，使得你自己的一切特色都在削弱贬值。你的成绩不是你想要的，你的所有行为也不是你自己喜欢的——你所做的一切都为了让父母留下一些好印象。这与其说是因为你父母，还不如说是因为你自己。

首先，你不要考虑你父母的眼光，不要自怨自艾，应该睁开眼睛，看清真正的自我——聪明、能干、拥有一个可以自己做主的未来。不用费太多力，你就可以和失去的朋友恢复联系；和他人交往会使得你的价值得到肯定。但要注意的是，对于即将获得的对自身价值的确认，你会怎样对待——你还会再次和别人比吗？还是坚持自我？

我爸爸是个酒鬼，他常对妈妈、姐姐和我实施家暴。我家的气氛是恐怖的。妈妈不敢做任何事情，姐姐处在持续的恐惧之中。我爸爸说他爱我，而他却不停地打我。但我实际上最少受惩罚，因为我会反抗，我不会让他像对待妈妈和姐姐那样对待我。我在家时他会略微克制自己的暴力行为，但我也不能完全压制他的火暴脾气。妈妈禁止我把这件事告诉任何人，因为她认为这会给我们带来耻辱。到底是谈论这件事羞耻还是他这么做羞耻？你有什么办法可以帮助我们吗？

我能理解你受到了伤害，感到困惑、伤心、愤怒，你和你的家人正备受折磨，这是令人难以忍受的。你的问题很严重。你努力寻求解决的办法，不愿屈从于这样的状况，这种做法是正确的。你父亲是有病的：嗜酒是一种病，你肯定已经知道这点吧。就像其他疾病一样，嗜酒是可以治疗的。试图掩盖问题或视而不见根本不是解决办法；这样做不能解决任何问题。有问题、有病并不是丢脸的事，从专家那里寻求帮助也不是丢脸的事。尽管你是家庭中最小的成员，但你最有勇气，你已经准备迈出阻止和防止家庭暴力的第一步。现在有很多机构都可以为你提供帮助，你可以去那里寻求帮助。你也可以把你的问题告诉学校心理医生：他们会给你介绍适合的专家或组织。但在你采取上述行动之前，你可以和你的母亲和姐姐讨论一下，什么方案最合适，然后，等你父亲清醒时，再和他谈谈。你要勇敢坚定，这值得一试，因为你说你父亲说过他爱你，可能他也爱你的母亲和姐姐。他表达爱的形式、生活方式、时间的安排方式与你、你母亲、你姐姐的模式完全无关。希望自己家庭和睦，远离沮丧、恐惧、身心威胁，这算不上耻辱。

在人生的任何阶段，尤其是当你年轻时，有些问题会给你压力，会折磨你，它们对你来说是如此严重且难以解决，以至于你不会告诉任何人。然而，情况没你想象的那么糟糕，青少年问题实际上是可以解决的，只要你应用知识和经验，这些问题并不是大得或复杂得不能解决的。

如果你非常认真地阅读了这本书，总会找到可以帮助你的人。

仔细阅读此书。

一些答案或许可以信手拈来。

责任编辑 郑丁葳

封面设计 李梦雪 杨 静

“青少年成长漫画”系列

青春不留烦恼

——解答成长过程中的种种困惑

［塞尔维亚］鲁日察·奥布拉多维奇 文

［塞尔维亚］多布罗萨夫·鲍伯·日夫科维奇 图

陈慧麟 译

上海世纪出版股份有限公司
上 海 科 技 教 育 出 版 社 出版发行
（上海冠生园路393号 邮政编码200235）
网址：www.sste.com，www.ewen.co
各地新华书店经销
上海景条印刷有限公司印刷
ISBN 978-7-5428-6228-0/G・3516
图字09-2013-886号

开本720 × 1000 1/16 印张6.5
2015年8月第1版 2015年8月第1次印刷
印数1-5 200 定价：30.00元